けったいな生きもの

深海生物

ぴかぴか

エリック・ホイト ／ 北村雄一 訳

化学同人

深海への単純な好奇心から始まった私だが、今ではこの本に出てくる生物に親近感を覚え、愛着を感じるようにさえなった。だからこの生き物たちを「奇妙な」とよぶことに申し訳ない気持ちもある。しかし、「ふつうの深海生物」では書名にふさわしくないだろう。この本を読んだ方に、深海生物についての考えを変えていただくことができればと願う。

　そして、写真家のデビット・シェール、ソルビン・ザンクル、ジェフ・ロットマンに感謝したい。彼らの目を見張るような写真があったからこの本が生まれた。彼らは、数多くの科学的調査を行うことによって、注意深い、骨の折れる仕事を成しとげた。また、デビット・シェールとサンドラ・ストックはそれぞれの説明に必要な細かい情報をくれ、私の文章を直してくれた。デビット・シェールは重要な知見も与えてくれた。最後に、Firefly 社のマイケル・ウォレック、クリスチャン・トーマス、ニコル・ノースとフリー編集者のメリッサ・チャーチルにもお礼をいいたい。

　この本を、ジャスミン・ホイト、マックス・ホイト、モルガナ・ペトリソンにささげる。彼らがいつの日か、深海探検への壁が取りはらわれたときに、この本に出てくる深海生物や、さらに多くの生物に出会えることを祈って。

スコットランドのノース・ベルウィックにて
エリック・ホイト

写真クレジット

すべての写真は National Picture Library 提供．写真家は以下のとおり．
David Shale: カバー , 9, 10, 11, 12, 14, 15, 16, 17, 18, 19, 21, 22, 23, 25, 26, 28, 29, 30-31, 32, 34, 36, 37, 38-39, 41, 43, 49, 51, 52, 53, 54, 55, 56, 60
Solvin Zankl: 7, 8, 33, 35（カバー裏）, 42, 44, 45, 46, 47, 48, 57, 58, 59, 61
Jeff f Rotman: 13, 24

もくじ写真は © creativesunday / Shutterstock．

WEIRD SEA CREATURES
by Erich Hoyt

はじめに

　この本では 50 種の奇妙な深海生物を見ることができます。深海生物の多くは、科学者に発見されたばかりでまだ学名がついていません。学名どころか、通称がついているものさえほんのわずかです。名前は、生き物を見つけなければつけられません。深海生物をつかまえるのはたいへんですので、ナゾが多いままなのです。しかし、百聞は一見にしかず。1 つの写真は 1000 の言葉に値します。この本に収まった 50 の写真は 1000 の呼び名より価値があるといえるでしょう。

　さて、みなさんは、この本のページをめくるたびに、目がくぎづけになる奇妙な姿を見ることになります。こうした生き物たちはなぜ奇妙で奇怪なのでしょうか？　それはひとえに環境のせいです。彼らは深海の特殊な環境に適応しているから奇怪なのです。深海には想像を絶する大きな水圧があり、さらには光のない暗黒の世界です。深海とは、海の 200 メートルより深い場所のことをいいますが、太陽光線の 99％は、海の表面からわずか 100 メートルの間で水に吸収され、消えてしまうのです。

　荒々しいひとみ、ひん曲がった口元、あるいは歯のない口。奇妙奇怪な深海生物たちはあまりにも異様で、ほとんど火星人を見ているようです。実は、これら深海生物は、手が届きそうな、ほんの少し先にいます。海辺の家から、休みに訪れた海岸から、あるいは旅行で乗った船やフェリーから、ほんの少し行った場所にいるのです。距離は 2 キロもないか、あってもせいぜい 3 キロ程度です。重りをかかえて、船から海に飛び込めば、20 分もすると巨大な目をもつイカや、ぴかぴか発光する魚たちの世界へいけるでしょう。問題があるとしたら、そこに着くころ、私たちはもう死んでいることです。潜水器具をもっていても無理です。強大な水圧に押しつぶされてしまいます。確かに潜水艇に乗ってもぐることはできます。でも海の上層を抜けて、それよりさらに深い深海までもぐれる潜水艇はほんのわずかです。そういう潜水艇を使える時間を手に入れるには、ばく大なお金が必要でしょう。

　奇怪な深海生物たちは何百万年もの進化の実りです。これらのおどろくべき存在、とほうもなく奇妙な姿の生き物たちは、私たちのすぐ近くにいながら、なかなか手が届きません。深海生物は近くにいながらも、深みにへだてられた遠いかなたにいるのです。

　しかし、このあとのページを開けば、深海生物たちと出会えます。ぜひ、すばらしい写真を撮影した写真家たちの仕事をながめてみてください。そして、深海生物たちの体にうかぶ光が、何を言おうとしているのか考えてみませんか。

3

もくじ

クロアンコウ

Melanocetus murrayi

あたしはチョウチンアンコウのなかまよ。深さ 1000 ～ 2500 メートルの深海にすんでるけど、6000 メートルから見つかったこともあるわ。**おでこから生えたつりざおの中には光るバクテリアがいるの。その光でえものをおびき寄せるのよ**。メスは 12 センチになるけど、オスは 2 センチしかないわ。オスはメスに寄生して、いっしょになった二人は死ぬまではなれないのよ。

ダイオウウキビシガイ

Clio recurva

ぼくは深海のチョウと呼ばれること
もあるよ。これでも巻貝のなかまな
んだけどね。海底を歩くのではな
く、水中を泳いで暮らしているんだ。
翼<ruby>翼<rt>つばさ</rt></ruby> のようなヒレで羽ばたいて泳ぐ
んだけど、これは足なのさ。だか
らぼくらは<ruby>翼足類<rt>よくそくるい</rt></ruby>とも呼ばれてる。
<ruby>後鰓類<rt>こうさいるい</rt></ruby>と呼ばれることもあるよ。<ruby>鰓<rt>えら</rt></ruby>
が体の後ろにあるからね。大きさは
0.5 〜 1.3 センチしかないんだよ。

クチキレウキガイ

Atlanta peronii

あたしも左のダイオウウキビシガイさんと同じく、巻貝マキ！　全長は１センチぐらい。こう見えて肉食マキ。浅い場所から500メートルの深さまですんでるマキ。えものを追って、海の中を上下に移動するマキよ。あたしをよく見るマキ〜。大きな目があるマキな。足は１本で、ヒレのようになってるマキ。これを使って泳ぐマキ。**貝がらはうすくて透明だから内臓が見えるマキよ。**

モスソクラゲイカ

Histioteuthis bonnellii

あたくしの外套は長さ 30 センチ。外套とは帽子みたいなところですわ。**クリスマスツリーみたいに体に並ぶのは発光器ですわ**。海は上が明るいので、かげができて下の敵に見つかります。ですから発光器の光で自分のかげを消しますのよ。それから目の大きさが左右でちがいますでしょ。大きな目は上からの光を、小さな目は生物が出す光を探しますの。

10

ゴマフホウズキイカ

Helicocranchia pfefferi

ぼくは英語で「ピグレットスクイッド」。「クマのプーさん」に登場する子ブタのピグレットのことゴマ。ぼくの顔は子ブタっぽいゴマ。ぼくは浅い場所で生まれて、大きくなるにつれて深い場所へ行くゴマ。ぼくはまだ若いけど、大きくなると外套（がいとう）が４センチになるゴマよ。**つき出た大きな口のようなものから水をはき出して泳ぐゴマ。** １秒で自分の体長の25倍のきょりを泳げるゴマよ。

ツノコシオリエビのなかま

Kiwa sp.

英語の「雪男ガニ」って名前が有名なんだ。そのとおり、**白くて毛むくじゃらだぜ**。大きさは6センチくらいだな。おいらは深海の熱水噴出口の周りにすんでいる。熱水噴出口とは海底温泉のことさ。おいらは2011年に見つかった新種さ。インド洋にある熱水噴出口から見つかったんだ。**おいらは体の毛でバクテリアを育てて、それを食べて生活するんだ。**

カマスのなかま

Sphyraena sp.

見てみて、**この3本のきば！** これで
つかまえちゃうぞ！ でもつかまった
のはあたいのほうで、紅海（こうかい）の深さ500
メートルのところにいたのよね。場所
はイスラエル南部の港町エイラトの
沖合（おきあい）よ。あたいたちカマスはすらりと
した魚なの。熱帯、亜熱帯の海にいて、
浅い場所から深海まで、いろいろな深
さにいるわよ。

13

オオベニアミ

Gnathophausia ingens

アミはエビのなかま。浅い海のアミは小さいけど、**深海のアミは大きいの**。特にあたいらは最大 35 センチになるわ。大きな体でえものをつかまえ、大きな卵をたくさんうむのよ。見てのとおり色は真っ赤。赤い体は赤い光だけを反射するの。でも深海には赤い光がないから反射しないわ。だから**深海では、赤い体は黒く見えるわけ**。えものをとるときも敵からにげるときも便利よ。

スケーリーフット

Chrysomallon squamiferum

おれたちは海底温泉にすんでる。インド洋の 2800 メートルくらいの深さのところさ。からの大きさは 3 センチくらいだな。**おれの足は固くて、黒いウロコにおおわれているぞ。**熱いお湯も、お湯にふくまれる猛毒の硫化水素もへっちゃらだ。敵からも身を守るんだ。そうそう、足にゴカイさんがすみついてるけど、見えるかい？

フトスジサルパ

Iasis zonaria

サルパってのはホヤのなかまさ。ホヤはお酒のおつまみになるホヤ貝のこと。ホヤは海底にくっついて動かないけど、おいらは泳ぐんだ。今はひとりぼっちだけど、これからなかまを増やすよ。**植物が次々に芽を出すみたいに増えるんだ。**結婚<ruby>結婚<rt>けっこん</rt></ruby>相手とか必要ないんだよね。おいらたちは、水を飲んでそこにいるプランクトンをこしとって食べるんだ。残った水はポイするよ。

オオタルマワシ

Phronima sedentaria

わらわの大きさは 2.5 センチじゃが、エイリアンのようじゃろ？大きな目と、足のつめでえものをつかまえるのじゃ。お母さんタルマワシは左のページに出てきたようなサルパをおそい、中身を食べてしまうのじゃ。**するとタルのような皮が残るじゃろ？　その中に入って子育てをするのじゃ。**だからタルマワシという。英語では「乳母車虫」じゃ。

シラエビのなかま

Pasiphaea sp.

わたしのお腹に卵があるでしょ？　つまりお母さんってこと。**体は半分赤色で半分透明**。エビの色はいろいろだけど、深さによってだいたい決まるのよ。海面近くにいるエビは透明ね。深海のエビはオレンジ色。真っ赤なエビは深海のいちばん深い場所にいる。わたしみたいな半分赤色は水中を上下に移動するエビよ。わたしは深さ530 〜 750 メートルの北大西洋にいたのよ。

メダマホウズキイカ

Teuthowenia megalops

おれ様の外套の長さは35センチ。外套とはトンガリ帽子のとこよ。じまんは外套の茶色の斑点（色素胞）ぞよ。今は縮んでおるが、**この斑点をブワーッと広げると、透明な体がみるみる赤に変わるぞよ**。おれ様は北大西洋の100メートルよりも深い場所におるぞよ。だが小さいときは海面近くにおってな、そのときはもっとスケスケ透明なのだぞよ！

クロクラゲのなかま

Crossota millsae

ワレは、この細いうでにふれたものをつかまえるナリ。 うでには
刺胞細胞というものがあるナリ。これは毒針をもつ細胞で、えものに毒
を打ち込んでつかまえるナリ。ワレは大西洋の真ん中、水深 2700 メー
トルで発見されたナリ。真っ赤な色は、深海では黒く見えるので、だれ
にも気づかれないナリ。ワレらに脳はないナリ。単純なあみ目のような
神経だけで動くナリ。ちなみに、この本のカバーにのっているクラゲの
写真もワレナリよ。

ウミシダのなかま

これでもヒトデさんやウニさんの親せきよ！　長いうでを四方八方、星のように広げてるわ。体の中心に少し短いうでがあるでしょ？　あたいらはこのうでで海底につかまるの。そして長いうでをもち上げて、流れてくる小さな食べ物を集めるの。**食べ物が少ないと、長いうでを使っておどるように泳ぐわ**。あたいは 2011 年に見つかったばかりで、正式な名前がついてないのよ。

オニキンメ

Anoplogaster cornuta

どうだ、おそろしいだろ！ 歯が大きすぎて口を閉じることができぬ。逆に口を広げると 180 度開く。わしらは大西洋の真ん中の水深 500 〜 5000 メートルにいる。大きさは約 18 センチ。大人はえものが多い 500 〜 2000 メートルにいて、子どもはもっと深い場所におる。深いとマグロのような敵が来ないからな。

オオメコビトザメ

Squaliolus laticaudus

ボクは世界でいちばん小さなサメさ。メスで 25 センチ、オスで 23 センチにしかならないよ。陸に近い熱帯の海の水深200〜2000メートルにいるよ。太陽に応じて上に移動したり下に移動したりするんだ。**ボクは発光器をお腹にもっているよ。これを光らせると、海面のぼんやりした明るさにまぎれて、敵から見つかりにくくなるんだ。**人間にはまったく無害だから安心して。

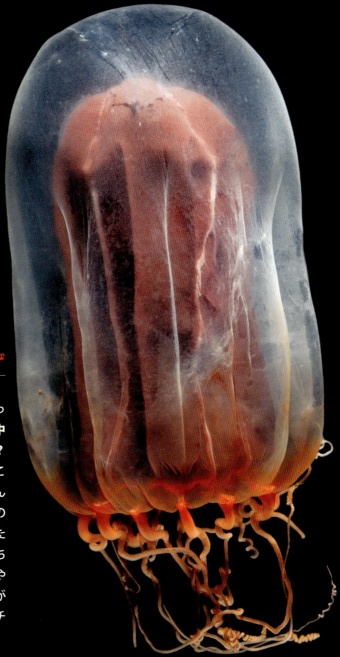

アカチョウチンクラゲ

Pandea rubra

そこの社長さん、ちょっとよっ
てきまへんか？　**うちの体の中
に赤いものがあるでっしゃろ？**
赤ちょうちんってこの部分のこ
とですねん。本当は胃とかなん
やけど、体を縮めると、本物の
ちょうちんみたいに、ぱたぱた
と折りたたまるんですわ。うち
は北アメリカで見つかったんや
けど、日本の近くにもなかまが
おりまっせ。高さは17センチ
ぐらいですねん。

シギウナギ

Nemichthys scolopaceus

わたくしは全長40センチになりますわ。水中では立った姿勢で過ごしておりますの。それがわたくしの狩りの姿勢ですのよ。**わたくしの口先、とがって細くて、しかも先が閉じないで上下にそり返っておりますでしょ？** そり返った口には小さな歯が生えておりますの。食事はエビですわ。エビの触角をこの口先と歯でからめとり、つかまえて飲みこんでしまいますのよ。ほほほっ。

シロヒゲホシエソ

Melanostomias melanops

おれの全長は 30 センチだヒゲ。**のどからのびてるヒゲはルアーだヒゲ**。人間も魚を釣るとき、小魚に似せた作りものを使って、それをえさとかんちがいして食いついた魚を釣るだろ。その作り物がルアーだヒゲ。おれのルアーには白い発光器がついていて、光に近よってきたえものをつかまえるヒゲな。体の下の白い点々も発光器だヒゲ。これは自分のかげをかき消すために使うヒゲな。

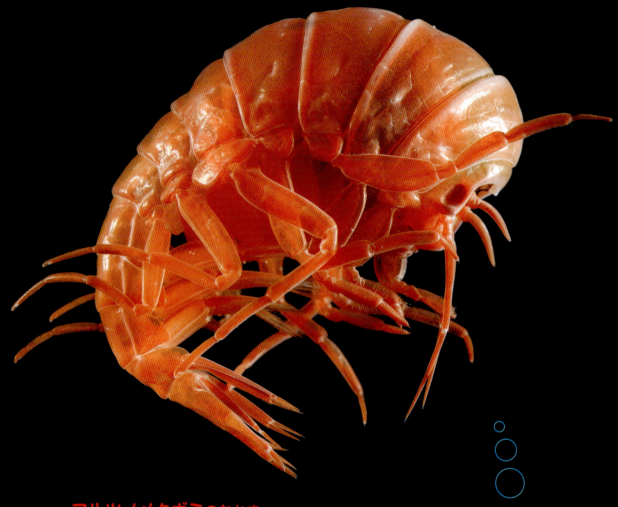

マルツノメクボミのなかま

Scypholanceola sp.

落ち葉の下にいて、ぴょんぴょん飛びはねるヨコエビって生き物を知らないかな？　あたしはそのヨコエビよ。**ヨコエビには森や海岸、さらには 9000 メートルの深海にすむ種類もいるの**。あたしがいる深さは 500 〜 800 メートル。クラゲにくっついて生活しているわ。きれいなオレンジ色でしょ？　でも、これって深海ではめだたない色なのよね。

オキクラゲ

Pelagia noctiluca

われわれはー、大きくなるとー、かさの直径が9センチになるであーる。われわれは、全世界の暖かな海にいるであーる。**光ってえものをおびきよせー、毒針でしとめるのであーる。** ときどき大発生するであーる。2007年、われわれの群れ5キロ四方がアイルランドのサケの養殖場に入りこーみ、さされた10万びきものサケが死んでー、1億円以上の損害が出たのであーる。

29

クリオネのなかま

Clione limacina

ぼくは体長 1.2 センチ。貝がらはもってないけど巻貝なんだぜ。冷たい深海の中を、ヒレを使って羽ばたくように泳ぐぜ。**ヒレは足が変形したものさ。**天使みたいだから英語では「海の天使」ともいわれてる。でも「毒のある花」ともよばれてる。ぼくはどうもうな肉食動物なんだ。**泳いでいる小さな巻貝をおそって食べちゃう。**というか、それしか食べないんだよね。

ウシナマコのなかま

Peniagone diaphana

あたしの体長は 10 センチ。深海にすんでます。ふつうのナマコは海底をのそのそはってるけど、あたしは泳げるのよ。泳ぐのはえさのある場所を探すときね。体が透明だから中が見えるでしょ？　右が口、左がおしり、黄色いのは腸よ。あたしの食生活はミミズと似てるかな。泥を食べて、きれいになった泥をウンチにして出すの。自然をきれいにする働きをしているわよ。

ホウライエソ

Chauliodus sloani

見ろよこの口！　するどい歯がずらっと生えてるだろ？　おいらの体長は35センチ。水深1000メートルにすんでるぜ。体には発光器が規則正しく並んでる。今は消してるからわかりにくいけどな。これを光らせると、おいらのきみょうな姿が深海の暗やみにくっきりかがやくぜ。それでなかまとやりとりをするのさ。えものをおびき寄せたり、敵を混乱させたりもできるかもな。

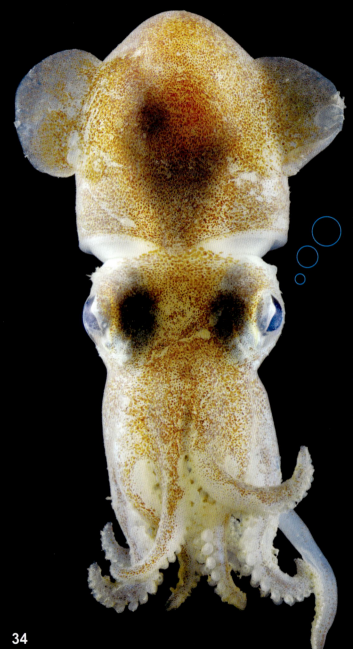

ボウズイカのなかま

Rossia sp.

ボクを「おだんごヘアのイカ」って呼ぶ人もいるよ。ボクは海底にすんでます。**足は10本。そのうち8本は短くて、2本が長いんだ。**小さなヒレを使って、海底のすぐ上を泳いでいるよ。でも、敵に追いかけられたときは、ジェット推進さ。吸い込んだ水をいきおいよく前にはき出すのさ。そうすると反動で体が後ろへ進むってわけ。それからボクは、スミをはいて敵の目をくらますよ。

ナガムネエソ

Argyropelecus affinis

おぬしら人間から見れば、おかしな姿なのじゃろうな。わしは深さ 300 〜 650 メートルにすんでおる。ここは昼でもうす暗い世界じゃ。**だからこの大きな目で光を集めるのじゃよ。**するとよく見えるのじゃ。お腹には発光器をもっておる。これをつけると、下から見られても、ぼんやり明るく見える海面にまぎれこむことができるのじゃ。夜は浅い場所まで上がってえさを探すぞよ。

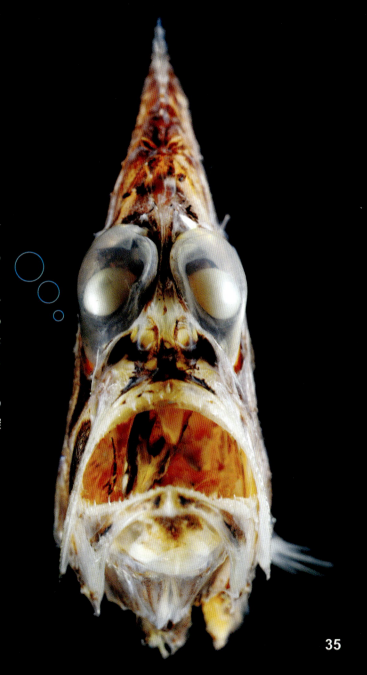

アゴヌケホシエソのなかま

Aristostomias sp.

ホラー映画に出てきそうだろ？　目の下の大きな赤いものは発光器さ。これはすぐれものなんだぜ。水は赤い光を吸収するから、深海には赤い光が届かない。だから赤いエビは見えない。だけどおいらが赤い光で照らせば、赤いエビも丸見え。ごちそうさまってわけよ。**おいらの下あごは単純で、あごの底がないのよ。そのかわり自由に動く。**前方にサッとつき出して、えものをつかまえるぜ。

深海のウニ

わたしは、インド洋の深海にいたウニよ。**長いトゲの間に、透明で小さな管がたくさん見えるでしょ。これは足。**しずんできて海底に落ちた食べ物を、足でつかんで集めてモグモグするのよ。食べ物は、死んだ生き物がボロボロになったかけらよ。真ん中にあるのは口ね。口の中は食べ物でいっぱい。

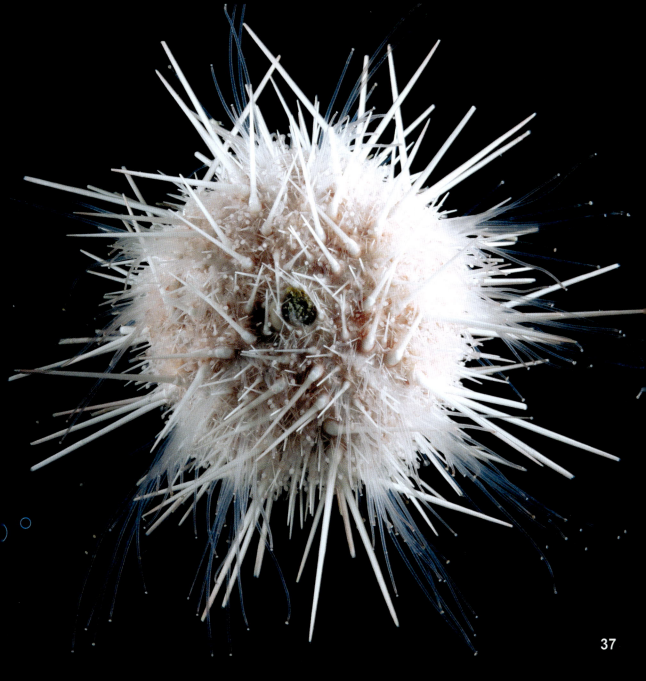

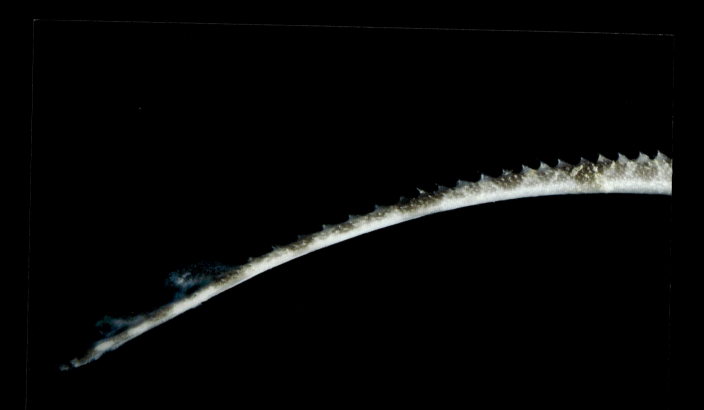

ガンギエイのなかま

Rajella fyllae

ぼくは大西洋の北にいるから日本の名前はないよ。ぼくはバレンツ海にいた 14 センチぐらいの子どもさ。だけど成長すると 55 センチになるんだ。水深 170 〜 2050 メートルの海底にすんでる。**背中にはちくりとする大きなトゲがいくつもあるよ。トゲの数や並びは年令によって変わるんだ。オス、メスによってもちがうんだ。**ぼくはがんじょうな歯でエビやカニや貝を食べるんだよ。

深海のイソギンチャク

わがはいはイソギンチャク。だけど種類がわからんのです。わがはいはインド洋の深海の海底にある山から見つかったのです。花のように美しいでしょう。**だが毒針をもっておりまして、さわったえものをさしますぞ**。わがはいの毒にやられると、体がしびれて動けんのです。あとは口まで運んで丸のみですな。いつもは同じ場所でじっとしてますが、敵に攻げきされると泳いでにげますぞ。

ガウシア属のカイアシ類

Gaussia princeps

せっしゃは海にすむ小さな動物カイアシ類のひとつにござる。日本の名前はないでござる。カイアシ類はエビのなかまで、ふつうは大きさ 1 〜 2 ミリ。ところがせっしゃは 2.7 センチもあるでござるよ。大きいでござろう？　**敵におそわれると、光る液体をはき出しますぞ**。敵が光に気をとられたすきに、触角をぴょんぴょん動かしてドロンとにげるでござるよ。

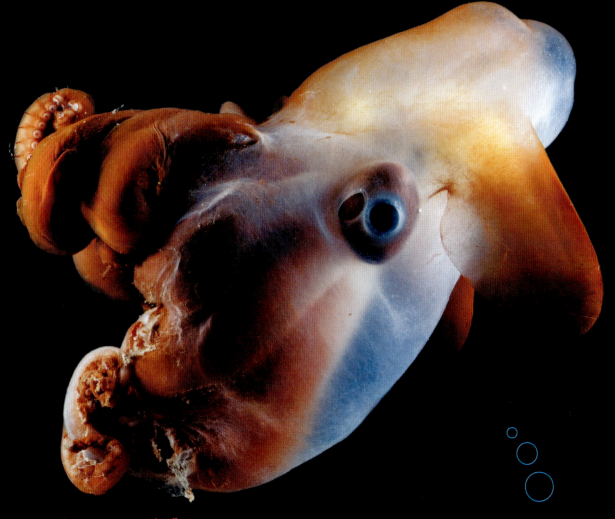

ジュウモンジダコのなかま

Grimpoteuthis discoveryi

あたしはヒレをゆったりと羽ばたかせて泳ぐわ。ディズニー映画に登場する空飛ぶゾウ「ダンボ」に似てるから「ダンボダコ」とも呼ばれるわ。あたしは大西洋の真ん中にある海底山脈にいたの。うでを広げると6センチぐらい。小さいでしょ。**うでの間にはうでの先までまくが張っているわよ**。体はオレンジでオシャレでしょ。でも、深海では黒く見えてめだたないのよ。

43

ウデボソダコ

Octopus defilippi (Macrotritopus defilippi)

ぼくは**赤ちゃんダコ**。赤ちゃんは、お父さんやお母さんとは形がちがうダコ。**今は 2 本のうでだけが長いけど、大人になると全部のうでが長くなるダコね**。全長 1 メートルにもなるダコ。大きいダコ？　1 メートルのうち、90 センチはうでなのダコ。**ぼくは小さいから体がまだ半分すけてるダコ**。でも大人になると色がつくし、自由に体の色を変えることもできるようになるダコ。

オオクチホシエソ

Malacosteus niger

オレの発光器は赤く光るぜ。この赤い光でカイアシ類を照らして見つけるのさ。だから、オレのことを英語で「赤信号」っていうぜ。でもよ、敵にはオレの赤信号が見えない。ライバルの他の深海魚も赤が見えない。だからオレが照らして見つけたえものに気づかない。照らされたえものですらオレの赤信号に気づかず、まんまとオレにつかまるわけよ。大きさは 22 センチになるぜ。

ヴァルディヴィエラ属のカイアシ類

Valdiviella sp.

あたしたちは、小さな海の生き物カイアシのなかま。日本の名前はないわ。大きさは5ミリ。カイアシ類にしては大きいほうよ。**お腹にむらさき色をしたものがあるでしょ？　これがあたしたちの卵ね**。大きいでしょ。体は赤色。赤い光のない深海では、光を反射しないからめだちません。カイアシ類はいろんなのがいて、全部で1万4000種類もいるのよ。

ニセアカイカ

Sthenoteuthis pteropus

おれは浅い場所にいるが、深さ1500メートルにいることもあるぞ。学名はステノテウティス・プテロプス。プテロプスはギリシャ語で「翼」だ。長さが約40センチのとんがりぼうしの上に大きなヒレがあるだろ？ これが翼みたいなんだ。**このヒレで水面から飛び上がり、少しの間なら空も飛べるぜ。**小さな発光器がたくさんあって、背中には大きな光る斑点もあるんだぜ。

47

ヨロイヨコエビのなかま

Epimeria cornigera

ぼくは北大西洋にすんでいて、大きさは 1.6 センチくらい。ヒドロ虫を食べるよ。ヒドロ虫はイソギンチャクのなかまさ。ぼくは、ノルウェーの沖合、深さ数百メートルの海底にすむ**サンゴさん**（*Lophelia pertusa*）**に乗っかっているんだ。**そこにはこの白いサンゴさんがいっぱい生えてる。ふつう、サンゴさんは暖かい海にいると思われてるけど、このサンゴさんは冷たい水が好きなんだ。

深海のクモヒトデ

あたしはインド洋の深海にいるわ。見た目はヒトデと似てるけど、**5本のうでをくねくねさせて動くのよ**。ヒトデはもっとのんびり屋さんよ。ちなみにあたしは、ヒトデ、ウニ、ナマコと同じなかまなの。深海ではあたしたちが群れになって海底をびっしりおおうことがあるのよ。そして、流されてくる食べ物を集めようと、みんなでバンザイするのよ。

そう呼ぶがよい。われは新種である。発見されたのは 2010 年、大西洋の真ん中、水深 3700 メートルである。大きさ 19 センチなり。われは、**背骨をもつ動物と背骨をもたぬ動物の中間なり**。頭としっぽがあって体のつくりは背骨がある動物に似ているが、脳も目もないのだ。われは海底の泥を食べ、グルグルはい回る。われが立ち去ると、海底にグルグルのあとが残るなり。

チヒロダコのなかま

Benthoctopus johnsoniana

あたしの学名は「ベントオクトパス（海底にすむタコ）」。全長50センチくらい。大西洋の深海にある海底山脈で見つかったの。ふつう、海にすむ生き物は、体の下が白っぽくて、上が暗い色なの。敵やえものから見えにくいからよ。ところがあたしは正反対。**ほら、上が白くて、下が暗い赤でしょ。**なぜでしょうね？　あたしたちは25種類以上いて、水深200〜3000メートルにすんでるわ。

オオウミグモのなかま

Colossendeis sp.

クモといっても地上のクモじゃないぜ。おいらは深海にすむのさ。**足の先はするどいつめになっていて、水の流れが強くても、海底にしっかりしがみつけるんだ。**食べ物はイソギンチャクなどの動きのにぶい生き物だ。写真の右側にあるでっぱったものが頭なのかって？　いやいやちがうぜ。これは口さ。おいらはこの口でイソギンチャクの中身を吸うんだ。

クシクラゲ

Beroe cucumis

わらわの大きさは 5 センチ。いつも腹ぺこじゃ。大きな口じゃろ？　というか、**体が口だけみたいじゃな。体のわきに櫛の歯のようなものが見えるかの？**　これは櫛板というもので、これを使ってスイスイ泳ぐのじゃ。口から水をはき出して進むこともできるぞよ。わらわのえものは別の種類のクシクラゲじゃ。この大きな口で相手を丸のみにしてしまうのじゃ。

コシオリエビのなかま

名前のとおりエビっぽいだろ〜。**でもエビのしっぽが見えないだろ〜。それはお腹の下にたたんでいるからさ〜**。コシオリエビにはいろんな種類がいるぜ〜。海底をうろつくもの、海底温泉に群れるもの。そうそう、スコットランドの沖合（おきあい）には、長いうでのハサミでホッキョクオキアミをつかまえるやつもいるぜ〜。ホッキョクオキアミってのは小さなエビみたいなやつさ〜。

オニナマコ

Deima validum

角がツンツン、強そうだろ？　大きさは 13 センチくらいだがな。おれ様は深さ 2500 メートル、北太平洋の真ん中にある海底山脈にいた。**おれ様の皮ふはざらざらだ。これは皮ふに骨片があるからだ。**骨片とは骨のかけらのことだ。でも、おれ様の骨片はとても小さな針のようだぞ。これがあるから、おれ様の体は固くなってるのだ。

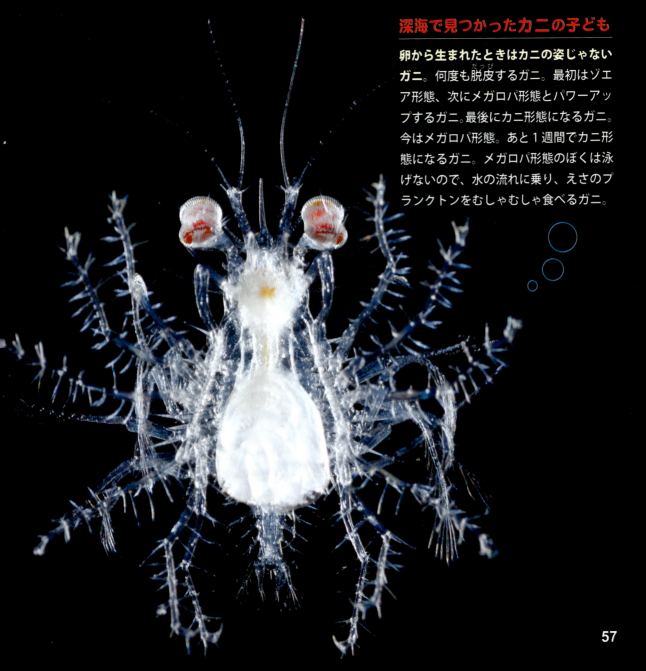

深海で見つかったカニの子ども

卵から生まれたときはカニの姿じゃないガニ。何度も脱皮_{だっぴ}するガニ。最初はゾエア形態、次にメガロパ形態とパワーアップするガニ。最後にカニ形態になるガニ。今はメガロパ形態。あと1週間でカニ形態になるガニ。メガロパ形態のぼくは泳げないので、水の流れに乗り、えさのプランクトンをむしゃむしゃ食べるガニ。

シャコの赤ちゃん

あたちのパンチはカミナリのように速いでちゅ。実はひじ打ちでちゅけどね。**今は透明でちゅけど、大人になると、赤、緑、青、黄色のオシャレな姿になるでちゅ。**海底の穴や、岩の割れ目で待ちぶせして、魚やカニ、エビが通りかかると、強力なパンチでしとめるでちゅ。シャコは、結婚すると夫婦で20年もいっしょに過ごすものがいるでちゅ。早く大人になりたいでちゅ。

オタマボヤのなかま

Oikopleura sp.

ぼくはホヤ貝の一族さ。ホヤは赤ちゃんのとき、オタマジャクシのような姿をしてるのさ。ぼくもオタマジャクシみたいだろ？　でもぼくらはこれで大人なのさ。大きさは1ミリしかないし、寿命も短いのさ。卵から生まれて5日から10日で死んじゃう。ぼくらはゼラチンのようなものを体から出していつも家を作っているのさ。家には網がついていて、水から食べ物をこしとるのに使うのさ。

59

ウシナマコのなかま

Amperima sp.

ウシシっ、ぼくは北大西洋の水深 2500 メートル
にいる。もし人間さんが深海の海底を歩けたら、
たくさんのナマコに会えるよ。**深海の海底はぼく
らナマコの天下さ**。深海には朽ち果てた生き物の
かけらが降ってきて、雪のように積もってる。そ
れを食べるんだ。ぼくは海底をゆっくり歩いて生
きる。でも泳ぐなかまもいるよ。32 ページに出
てきたナマコは泳ぐんだ。ウシシッ。

ヒラカメガイ

Diacria trispinosa

大きさ1センチだけど巻貝よ。水深200〜500メートルにすんでるわ。**足はヒレになっていて、ずっと泳いで暮らしてるの。**食事のしかたはちょっと変わってるわよ。まずネバネバを出して網(あみ)をつくり、そのネバネバに植物プランクトンがくっつくの。これをネバネバごとのみこんで食べちゃう。左下に数珠(じゅず)つなぎにのびているのはわたしの卵よ。これを引っぱって泳ぐのよ。

解　説

◆世界でいちばん深い海に、人間が乗った潜水艇（せんすいてい）がもぐったことは、たった2回しかありません。世界でいちばん深い海、それは太平洋のマリアナ海溝（かいこう）です。深さは1万1000メートル。エベレスト山の高さより、2000メートルも深い場所です。マリアナ海溝への最初の潜水探検は、1960年にトリエステ号によって行われました。乗ったのはドン・ウォルシュとジャック・ピカール。この2人は下へ下へと下降し、最深部に数分間いて、浮上（ふじょう）しました。2012年には、映画『タイタニック』の監督ジェームズ・キャメロンが潜水艇に乗りこみ、潜水探検に出かけました。これは『ナショナル・ジオグラフィック』誌の記事になりました。海の最深部を人が探検したのはこの2回だけ。月に人が行ったのは6回ですから、それより少ないですね。海の最深部にもぐることは宇宙に行くことに匹敵（ひってき）する冒険だとわかるでしょう。陸上にすみ、空気呼吸する人間にとって、深海は宇宙のように遠い場所なのです。

　深度1000メートルまでもぐるともう日光は届きません。完全な暗黒です。この深さの圧力は、地上の100倍です。世界でいちばん深い場所、つまり深さ1万1000メートルだと圧力は地上の1100倍になります。つまり1平方センチあたり1トンをこえる圧力がかかることになります。これは深海の上に広がる水の重みがのしかかってくる圧力です。

　人間でも、素もぐりをして真珠（しんじゅ）や海綿をとる人々は、器具なしで深さ30メートルまでもぐることができます。経験豊かなスキューバダイバーが器具を使えば70メートルまでもぐることができますし、特別な呼吸ガスを使えば150メートルまでもぐれます。しかし、クジラの潜水能力にはまったくおよびません。マッコウクジラやオウギクジラは2〜3時間おきに2000〜3000メートルにおよぶ潜水を行うのです。

◆深海は冷たく、まったくもって見当がつかない暗い世界です。さらに深くなれば深くなるほどますます大きくなる圧力、このような冷たい暗黒の中で、深海生物はいったいどのように生きているのでしょうか？

　その答えは、特殊な適応です。深海魚のなかには、夜になるとえさをとるために浅い場所へ移動するものがいます。深い場所から浅い場所へ、圧力の高い場所から低い場所へ、圧力のちがう場所へ移動することはたいへんで、体を痛めることもあります。でも、深海魚は浮きぶくろを特殊（とくしゅ）なものにすることで解決しました。一方、深い水深にとどまり続ける深海魚たちのなかには浮きぶくろをなくしてしまったものもいます。

　深海の水温は低く、海の中を1000メートルもぐると水温は4度下がります。海の平均水深はおよそ4000メートルですが、この水深の温度は1度か2度ぐらいです。200メートルより深い場所を深海といいますから、海の大部分は深海で冷たい場所ということになります。実際、海の4分の3は水温が0〜6度しかありません。

62

一方、深海の熱水噴出口は火山活動が活発な海底にあり、熱いお湯がふき出しています。ここにすむ深海生物たちのなかには60度という熱い場所で生活するものもいます。

　深海の暗黒に対しても、生物はさまざまなやり方で適応しました。えものをどうやって見つけるか、どうやって結婚相手を探し、コミュニケーションするか？　たとえば、クジラやイルカは音を使います。これをエコーロケーション（反響定位）といいます。食べ物の位置を的確に探し出したり、結婚相手を見つけたりします。ホイッスルという音を使う場合もあります。これを使うと、何十キロ、あるいは何百キロはなれていても意思を伝え合うことができます。

◆しかし、この本で登場する多くの生物は、光を使う名人です。彼らは光を作る器官をもっています。これを「発光器」といいます。生物が光を作り出すことを「生物発光」といいます。

　発光器にはいろいろあり、使い方も大きさもいろいろです。単純な発光器もあれば、複雑なものもあります。たとえば発光器の周囲が反射板に囲まれて、レンズや、光ファイバーのようなものや、光に色をつける膜があり、さらには光の強さや光の向きを変える筋肉までついた発光器もあります。光は化学反応で作ります。

　発光生物は、光ることで「私はここよ」「ぼくと結婚しよう」などと伝え合います。つまり光は言葉です。そして、深海における光の言葉は複雑です。美しくもあり、ある意味では危険です。これから、潜水艇に乗ったつもりで想像してみましょう。潜水艇には透明な窓があり、そこから見える深海の光景はおどろきの連続です……

　ある魚はランタン、つまり光るライトのようなものがずらりと体に並んで見えています。でも明かりは見えても、体自体は暗がりの中でおぼろに見えるだけです。チョウチンアンコウのように釣りざおの先に明かりをつけ、えものをおびきよせる疑似餌にしているものもいます。疑似餌とはにせ物のえさのことです。チョウチンアンコウの疑似餌はバクテリアが作る光によって、暗やみの中でとてもめだちます。明かりのついた釣りざおが頭から生えていたり、あるいはのどから生えているものもいます。別の魚は、火のような赤い光と青い光をテクノビートのようにチカチカさせています。そして、明かりのついた釣りざおの元へ泳いでいきます。しかしそこに待っているのはえさではなく、大きな口でした。魚が自分のかんちがいに気づいたときはもう手おくれ、大きな口に飲みこまれてしまいます。食べられた方の光は消えてしまいました。かすかな光も、飲みこんだ側の胃ぶくろの中でかき消されてしまいます。

　次に見えてくるのはおどるように泳ぐクラゲやクシクラゲたち。クシクラゲは肉食で、シーウォールナッツ（海のクルミ）と呼ばれています。チカチカした光が体を流れるように動いています。赤、オレンジ、黄色、そしてところどころ青が混ざったきれいな光です。ただし、この色は生物そのものが作る色ではありません。プリズムのように光を色に分解して反射しているのです。にじのようなものですね。この光はえものをおびき

寄せます。遊園地の乗り物やネオンサインの広告のように、相手を呼んでいるのですね。こうしたクラゲは見せびらかすように、ぷかぷか浮かびながら、ぴかぴか光って、こっちへこいといっているのです。

クラゲたちがやみに消えると、続いて明かりをもつ魚がやってきました。これはドラゴンフィッシュ、日本語ではワニトカゲギスのなかまです。さらにぼうっと暗やみから現れたのがジュエルスクイッド、これはゴマフイカのなかまです。大きな目をもち、それを使ってどんな生き物の光も見のがすまいと、じっと周りをにらんでいます。そして水をはき出すと、えものを探しにどこかへ消えてしまいます。

これらの光る深海生物たちの最大の課題は生きのびることです。なかには自分たちしか使えず、自分たちにしか見えない光を出すものもいます。こうした光はたいてい赤です。深海には青い光しか届かず、地上とちがって赤い光がないのです。ですから多くの深海生物は赤い光を見ることができなくなりました。青しか見えない世界では、赤い光を見ることができる深海生物は少数派です。こういう深海生物は、自分たちだけに見える専用の光として赤を使うのです。自分たちだけの赤い光で話し合い、相手に見えない赤い光でえものを照らし出し、つかまえることもできます。

光をチカチカさせて話し合う。こういう光の言葉は、うそをつくことにも使えます。たとえば、光を使って自分の居場所をごまかす魚もいます。ほかにも、私たちに思いもつかないような光の使い方がたくさんあるでしょう。深海の世界にはいろいろな光があふれていて、それらはナゾに満ちています。人間と深海生物は、まるで違うやり方で会話しているので、おたがいのことがなかなかわからないのですね。

◆さて、人間は深海では生活できませんし、手も足もでません。これほど難しい世界なのに、この本にあるようなすばらしい写真はどのようにして撮影されたのでしょう？

たとえば、潜水艇の窓から写真を撮るという手がありますね。でも窓は小さいですし、潜水艇が近づくと魚はにげるだけ。それに、深海のやみは深く、ほんの少し先を見るだけでも強力な光が必要です。

カメラを深海に下ろすという手もあります。でもこれはとても操作がたいへん。海底のちょうど上にカメラがくるようにして、それを海面に浮かぶ船から動かす。さらにこれを使って生物の日々の様子を探る、あるいは、生物の生態を具体的に調べることは、非常に困難です。水の流れにただよって生活する動物、たとえばクラゲのような動物でさえも難しいでしょう。ましてや、魚やイカはビュンビュン矢のように泳ぎ回っています。この方法でよい写真を撮ることは不可能です。

ではどうすればよいのか？　深海生物をつかまえて船に持ちこむのです。そして水槽に入れて、見ばえをよくして撮影します。この本にのっている写真のほとんどは、こうして撮影されたものです。

深海生物を集めることは、池をスプーンで探るようなものです。何かをつかまえられるチャンスは、ほとん

どありません。写真を撮影したカメラマンのみなさん、デビット・シェールさん、ソルビン・ザンクルさん、そしてジェフ・ロットマンさんは、海洋科学調査で働きました。この調査航海は博物館と BBC の自然史部門が協力したもので、深海生物を調査・記録することを目的としていました。航海の間、毎日のように採集網が下ろされました。この採集網を船で引いて、深海生物を採集するのです。ときには ROVs（遠隔操作で動く調査船）も下ろします。ROVs にはカメラや採集装置がついています。そして採集網が引き上げられると、カメラマンたちは、網の中にいる生き物のなかから、変わっためずらしい種類を選んで、大急ぎで新鮮な海水が入った水槽へ運びます。多くの深海生物は黒い背景で撮影しますが、これは黒いビロード生地のスクリーンを水槽の後ろに置いたものです。フラッシュをたく装置は水槽の左右にあって、撮影と同時にピカリと光ります。こうすると深海生物のきれいな姿が、黒い背景にぽっかり浮いたように写るのです。画像の撮影と記録が終われば、ここから先は別の人たちの仕事。ゆれる船の中、調査航海でやることは、たくさんの写真を撮影して深海生物図かんを作ることだけではありませんからね。

◆深海にひそむ奇怪きわまる存在。深海生物たちは、冷たく、暗く、高圧の環境でなんとか生きのびているのではなく、大繁栄しています。深海にすむ生物は種類が多く、さまざまです。深海生物の顔ぶれの豊かさは熱帯雨林に匹敵するでしょう。

　2010 年、10 年におよぶ調査にもとづいて、海にすむ生物の種類がまとめられました。新種の数はおよそ 1330 種。海にすむ生物の総数は 25 万種でした。さらに 5000 種あまりが、正式に報告されることを待っている状態です。しかし海にすむ生物の種類は、おそらく 100 万種、あるいはそれ以上に達するでしょう。今いる深海生物たちは、深海でどのように生きのびるか、どのように繁栄するかという問題を解決することに成功したものたちです。これは何百万年という進化の結果でもあります。そして、成功したものが 100 万いるということは、チャレンジしたものたちが 100 万以上いたということです。

　私たちは奇妙な動物をたたえますが、しかし、それと同じように奇妙でない動物にも心をとめておきましょう。地球には生物がくらすさまざまな環境があります。森、サバンナ、山……。しかしなかでも大きいのは海です。海は広く、さらに深さもあります。生物がすむ世界の 90％は海なのです。調査されたのはその 1％以下でしかありません。さらに、海の大部分は深海です。そうだとしたら深海こそが地球で最もありふれた世界だといえるでしょう。森よりも、サバンナよりも、町のショッピングモールよりも、深海はありふれた世界なのです。だとしたら、奇妙な深海生物たちこそが地球生物の代表だといえるでしょう。地上で見ることができるいかなる生物よりも深海生物はありきたりな存在なのです。

この本に出てくる深海生物

ページ	和　名	学　名	英語名（和訳）	生息地
6	クロアンコウ	*Melanocetus murrayi*	Black Devil（黒い悪魔）	太平洋、インド洋、大西洋
8	ダイオウウキビシガイ	*Clio recurva*	Wavy Clio（波間に羽ばたくクレイオー女神）	太平洋、インド洋、大西洋
9	クチキレウキガイ	*Atlanta peronii*		全世界の暖かな海
10	モスソクラゲイカ	*Histioteuthis bonnellii*	Jewel Squid（宝石をまとったイカ）	大西洋、インド洋
11	ゴマフホウズキイカ	*Helicocranchia pfefferi*	Piglet Squid（子ブタみたいなイカ）	太平洋、インド洋、大西洋
12	ツノコシオリエビのなかま	*Kiwa* sp.	Yeti Crab（雪男のようなカニ）	インド洋
13	カマスのなかま	*Sphyraena* sp.	Deep Sea Barracuda（深海のカマス）	紅海
14	オオベニアミ	*Gnathophausia ingens*	Deep Sea Opossum Shrimp（深海のアミ）	全世界の暖かな海
15	スケーリーフット	*Chrysomallon squamiferum*	Scaly foot（ウロコでおおわれた足）	インド洋
16	フトスジサルパ	*Iasis zonaria*		太平洋、大西洋
17	オオタルマワシ	*Phronima sedentaria*	Pram Bug（乳母車虫）	太平洋
18	シラエビのなかま	*Pasiphaea* sp.		大西洋
19	メダマホウズキイカ	*Teuthowenia megalops*	Glass Squid（ガラスのようなイカ）	大西洋、太平洋
20	クロクラゲのなかま	*Crossota millsae*	Hydromedusan Jellyfish（神話の怪物ヒドラとメデューサのクラゲ）	大西洋
22	ウミシダのなかま	※	Feather Star（羽手の星）	インド洋・コーラルシーマウント
23	オニキンメ	*Anoplogaster cornuta*	Fangtooth（きばの歯）	太平洋、インド洋、大西洋
24	オオメコビトザメ	*Squaliolus laticaudus*	Spined Pygmy Shark（きりもみする小さなサメ）	太平洋、インド洋、大西洋
25	アカチョウチンクラゲ	*Pandea rubra*	Anthomedusan Jelyfish（花のメデューサのクラゲ）	全世界の海
26	シギウナギ	*Nemichthys scolopaceus*	Snipe Eel（鳥のシギのようなウナギ）	全世界の暖かい海
27	シロヒゲホシエソ	*Melanostomias melanops*	Black Dragon Fish（黒い竜の魚）	太平洋、インド洋、大西洋
28	マルツノメクボミのなかま	*Scypholanceola* sp.		大西洋
29	オキクラゲ	*Pelagia noctiluca*	Mauve Stinger（ふじ色の毒針）	太平洋、インド洋、大西洋
30	クリオネのなかま	*Clione limacina*	Naked Sea Butterfly（裸の海のチョウ）	北極海と太平洋、大西洋の北部
32	ウシナマコのなかま	*Peniagone diaphana*		全世界の海
33	ホウライエソ	*Chauliodus sloani*	Sloane's Viperfish（スローンさんの毒ヘビ魚）	太平洋、インド洋、大西洋
34	ボウズイカのなかま	*Rossia* sp.	Bobtail Squid（おだんご髪のイカ）	バレンツ海

ページ	和　名	学　名	英語名 (和訳)	生息地
35	ナガムネエソ	*Argyropelecus affinis*	Pacific Hatchet Fish（太平洋にいるオノのような魚）	太平洋、インド洋、大西洋
36	アゴヌケホシエソのなかま	*Aristostomias* sp.	Loosejaw（簡単なつくりのあご）	大西洋
37	深海のウニ	※		インド洋
38	ガンギエイのなかま	*Rajella fyllae*	Round Ray（丸いエイ）	大西洋北部
40	深海のイソギンチャク	※		インド洋・コーラルシーマウント
42	ガウシア属のカイアシ類	*Gaussia princeps*		太平洋、インド洋、大西洋
43	ジュウモンジダコのなかま	*Grimpoteuthis discoveryi*	Dumbo Octopus（飛ぶダンボのようなタコ）	大西洋
44	ウデボソダコ	*Octopus defilippi* (*Macrotritopus defilippi*)	Atlantic Longarm Octopus（大西洋のうでの長いタコ）	大西洋
45	オオクチホシエソ	*Malacosteus niger*	Northern Stoplight Loosejaw（北の赤信号ルーズジョー）	太平洋、インド洋、大西洋
46	ヴァルディヴィエラ属のカイアシ類	*Valdiviella* sp.		大西洋
47	ニセアカイカ	*Sthenoteuthis pteropus*	Orangeback Flying Squid（オレンジ色の背中の空飛ぶイカ）	大西洋
48	ヨロイヨコエビのなかま	*Epimeria cornigera*		北大西洋
49	深海のクモヒトデ	※		インド洋・コーラルシーマウント
50	深海性のギボシムシ	*Yoda purpurata*	Southern Purple Enteropneust（呼吸する腸のような南のむらさき色の生き物）	大西洋
52	チヒロダコのなかま	*Benthoctopus johnsoniana*		大西洋
53	オオウミグモのなかま	*Colossendeis* sp.		バレンツ海
54	クシクラゲ	*Beroe cucumis*	Comb Jelly（くしのクラゲ）	北極海、太平洋、大西洋
55	コシオリエビのなかま	※	Squat Lobster（腰を折ったエビ）	インド洋・コーラルシーマウント
56	オニナマコ	*Deima validum*		全世界の海
57	カニの子ども	※		※
58	シャコの赤ちゃん	※		※
59	オタマボヤのなかま	*Oikopleura* sp.		太平洋、インド洋、大西洋
60	ウシナマコのなかま	*Amperima* sp.		大西洋
61	ヒラカメガイ	*Diacria trispinosa*	Three Spined Cavoline（三つのトゲをもつカヴォリーネさん）	太平洋、インド洋、大西洋

■ 著 者

エリック・ホイト (Erich Hoyt)

人生の多くを海辺や海上で過ごし、クジラやイルカを調査し、海を守ることに尽力してきた。19 冊の本に監修者・著者として関わっており、邦訳されたものに『オルカ入門』(どうぶつ社)、『アリ王国の愉快な冒険』(角川春樹事務所) がある。現在はスコットランドに拠点を構えている。

■ 訳 者

北村 雄一 (きたむら ゆういち)

サイエンスライター兼イラストレーター。恐竜、進化、系統学、深海生物などのテーマに関する作品をおもに手がける。日本大学農獣医学部卒。著書に『深海生物ファイル』(ネコ・パブリッシング)、『ありえない!? 生物進化論』(サイエンス・アイ新書)、『謎の絶滅動物たち』(大和書房) などがある。『ダーウィン「種の起源」を読む』(化学同人) で科学ジャーナリスト大賞 2009 を受賞。

けったいな生きもの
ぴかぴか深海生物

2017 年 12 月 25 日　第 1 刷　発行

訳　者　北村　雄一
発行者　曽根　良介
発行所　(株)化学同人

〒600-8074 京都市下京区仏光寺通柳馬場西入ル
編集部 TEL 075-352-3711　FAX 075-352-0371
営業部 TEL 075-352-3373　FAX 075-351-8301
振　替　01010-7-5702
E-mail　webmaster@kagakudojin.co.jp
URL　https://www.kagakudojin.co.jp

印刷・製本　(株)シナノパブリッシングプレス